.

Neue Gaswerke in Versorgungsgebieten elektrischer Zentralen.

Von Franz Schäfer, Oberingenieur in Dessau.

Schon sehr oft ist darauf hingewiesen worden, daſs die seit einigen Jahrzehnten vielfach gehegte Annahme, das Gas werde der Elektrizität weichen müssen, sich weder in Deutschland noch in Amerika, England, Frankreich oder anderen Kulturstaaten, auch nicht in der an Wasserkräften so reichen Schweiz, erfüllt hat, daſs vielmehr das Gas überall da, wo die Elektrizität in die ihm bisher allein vorbehaltenen Absatzgebiete eindrang, nicht nur bald vollen Ersatz für die anfängliche Einbuſse an Abnehmern und Verbrauch fand, sondern seinen Abnehmerkreis sogar in geradezu erstaunlicher Weise auszudehnen vermochte. Immer und immer wieder ist hervorgehoben worden, wie stark sich im angeblichen »Zeitalter der Elektrizität« im In- und Auslande die Zahl der Gasanstalten vermehrt, wie sich bei den einzelnen Gasanstalten die Zahl der Anschlüsse und die Höhe der jährlichen Gasabgabe vervielfacht, wie deshalb alle groſsen und die weitaus meisten mittleren Städte trotz Errichtung elektrischer Zentralen Jahr für Jahr ihre unzulänglich werdenden Gaswerke mit gewaltigem Kapitalsaufwand erweitern oder durch völlig neue ersetzen müssen und dadurch die einseitige Auffassung und Darstellung der »Alles elektrisch«-Schwärmer gründlich ins Unrecht setzen: die Gaswerke würden nur notgedrungen, bis zur Tilgung der vor Jahren einmal in sie hineingesteckten Kapitalien, »auf dem Aussterbe-Etat« weitergeführt. Trotz-

1

dem erhält sich hartnäckig bei sehr vielen Laien und leider auch an maßgebenden behördlichen Stellen und in der Tagespresse die von interessierter Seite geflissentlich genährte Meinung, die Tage des Gases seien gezählt. Es erscheint darum angebracht, einmal einen neuen und für viele einseitig Unterrichtete sicherlich überraschenden Beweis von der unverwüstlichen Lebenskraft des Gases und seiner Unentbehrlichkeit vorzuführen, nämlich die Tatsache, ¸daß neuerdings das Gas in sich mehrenden Fällen in Gebiete eindringt, die vor ihm schon seit mehr oder minder langer Zeit von der Elektrizität besetzt waren, und daß es in diesen, ihm vermeintlich für immer verlorenen Gebieten schnell achtunggebietende Erfolge zu erzielen pflegt.

Bis vor einigen Jahren war solch nachträgliches Eindringen des Gases in Versorgungsgebiete elektrischer Zentralen immerhin eine vereinzelte Erscheinung; seit dem Jahre 1904 haben sich aber die Fälle mehr und mehr gehäuft, so daß Ende 1909 im Deutschen Reich schon über 60 Städte und Dörfer gezählt wurden, die zuerst nur mit Elektrizität versorgt waren, danach aber auch noch auf die eine oder andere Art mit Gas versorgt wurden, und das laufende Jahr wird die Zahl auf weit über 100 bringen. Angesichts dessen kann man nicht mehr von »befremdlichen Ausnahmen« oder »besonderen örtlichen Verhältnissen« reden; vielmehr darf man, da doch heutzutage ein Gaswerk nirgendwo ohne den Wunsch oder wenigstens die Zustimmung der Gemeinde zustande kommen kann, in der so rasch wachsenden Zahl einen Beweis dafür erblicken, daß die Elektrizität trotz ihrer so oft betonten Vielseitigkeit eben doch nicht alle billigen Anforderungen und Bedürfnisse zu befriedigen vermag. In der Tat tritt denn auch, wenn man den einzelnen Fällen nachgeht, als hauptsächlichster Grund zur nachträglichen Schaffung einer Gasversorgung in der Regel

das lebhafte Verlangen weiter Bevölkerungskreise nach billi-
gerem Licht und nach Koch- und Heizgas hervor. Da-
neben spielt in manchen Fällen noch die Unzulänglichkeit
oder die Unzuverlässigkeit der Stromversorgung eine Rolle,
dann und wann auch die Gegensätzlichkeit der modernen
kommunalwirtschaftlichen Grundsätze zum privaten Unter-
nehmertum, vereinzelt schliefslich der wirtschaftliche Zu-
sammenbruch übereilt geschaffener oder schlecht geleiteter
elektrischer Zentralen. Auffallend ist, dafs die Mehrzahl der
erst nachträglich mit Gas versorgten Gemeinden im Bereich
grofser Elektrizitätswerke oder sogenannter Überlandzentralen liegt und dafs namentlich die mit »billigen«
Wasserkräften arbeitenden Zentralen den Anreiz zur Einführung von Gas zu fördern scheinen. Auffallend ist ferner,
dafs auch die Metallfadenlampe die Forderung billigeren
Lichtes nicht zum Schweigen bringen konnte.

Es ist eben, worauf auch an anderer Stelle[1]) schon wieder-
holt hingewiesen wurde, der Kreis derjenigen Lichtverbraucher,
die in erster Linie auf die Billigkeit des Lichtes sehen
und sehen müssen, allenthalben viel gröfser, als man gemein-
hin annimmt. Gerade in der gegenwärtigen Zeit sind durch
die Erhöhung der Steuern, die Verteuerung der Lebensmittel
und den flaueren Geschäftsgang viele Ladenbesitzer, Restau-
rateure, Beamte usw. geradezu darauf hingedrängt worden,
die billigste Lichtart zu bevorzugen, und es ist durchaus keine
vereinzelte Erfahrung, die der letzte Geschäftsbericht (1909)
des städtischen Gaswerkes in Freiburg i. Br. in dem Satze
mitteilt: »Teilweise war sogar der schlechtere Geschäftsgang
Veranlassung zu höherem Gasverbrauch, indem namentlich
im Dezember aus Sparsamkeitsrücksichten, insbesondere in

---

[1]) Vgl. Würdemann, Die Beleuchtung kleiner Städte, Bremen
B. H. Reimers, 1907, und Schäfer, Die Wärme- und Kraftver
sorgung deutscher Städte durch Leuchtgas, München, Olden-
bourg 1901.

Ladengeschäften, vielfach wieder Gas an Stelle des elektrischen Lichtes getreten ist.« Sind doch, offenbar wegen der hohen Steuer auf Kohlenstifte, elektrische Bogenlampen zu tausenden außer Benutzung gekommen und teils durch lichtstarke Metallfadenlampen, teils aber auch durch hängendes Gasglühlicht ersetzt worden, selbst in industriellen Werken, die den elektrischen Strom in eigenen Anlagen billig erzeugen!

Diese Beobachtungen und Erfahrungen lassen es leicht erklärlich erscheinen, daß schon in so vielen Orten, wo man vor mehr oder minder langer Zeit durch Elektrizität allein das Lichtbedürfnis decken zu können geglaubt hatte, noch nachträglich Gas eingeführt werden und sich auch als Lichtquelle ein ansehnliches Absatzfeld erschließen konnte.

Aus dem Belegmaterial für diese Ausführungen soll zunächst nur eine Reihe besonders typischer Fälle herausgegriffen werden:

Die ältesten und darum wohl auch die meisten Beispiele für nachträgliches Eindringen von Gas in Versorgungsgebiete elektrischer Zentralen finden sich im Bereich der **Berliner Elektrizitätswerke**; allein im Gebiet der im September 1897 in Betrieb gesetzten Zentrale »Oberspree« in Oberschöneweide, des größten deutschen Elektrizitätswerks, von dem aus u. a. die Ortsgebiete von Adlershof, Alt-Glienicke, Bohnsdorf, Britz, Falkenberg, Grünau, Johannisthal und Niederschöneweide versorgt werden, wurden trotz des billigen Stromtarifs nachträglich selbständige Gaswerke geschaffen in Oberschöneweide (im Jahre 1898; das zu glänzender Entwicklung gekommene »Gaswerk Oberspree«), in Niederschöneweide (1898), in Britz (1899), und in Grünau (1899); durch Anschluß an die städtischen Gaswerke von Berlin bzw. an das Gaswerk Oberspree schafften sich Gas die Gemeinden Friedrichsfelde (1898), Karlshorst (1898), Adlershof (1905) und Johannisthal (1906). Auch viele andere Gemeinden im Vorortsgebiet von Berlin haben sich trotz vorhandener Stromversorgung eigene Gaswerke geschaffen (z. B. Wittenau, 1908, Zossen 1909) oder sich an die städtischen Gaswerke oder die der englischen Gasgesellschaft, einige auch an die in Potsdam bzw. Neuendorf gelegenen Gaswerke der Deutschen Continental-Gas-Gesellschaft, angeschlossen oder befassen sich z. Z. mit dem Plane, auf die eine oder andere Weise Gas zu erlangen (z. B. Alt-Glienicke, Bohnsdorf und Falkenberg, die sich im laufenden Jahre an die Berliner städtischen Gaswerke anschliefsen werden).

Im Gebiete der im Januar 1895 in Betrieb gekommenen Isarwerke bei München, zweier der ältesten und gröfsten Wasserkraftzentralen Süddeutschlands, haben nachgehends Gas erhalten: Pasing (durch ein eigenes städtisches Gaswerk 1906), Schwabing, Laim und neuerdings Moosach (wo in den letzten Jahren trotz der reichlichen Stromversorgung Münchens durch drei grofse Wasserkraftwerke das riesige dritte Gaswerk der Stadt errichtet wurde), sowie Prinz Ludwigshöhe durch Anschlufs an das Münchener städtische Gasrohrnetz. In all' diesen Orten ist die Nachfrage nach Gas gut und der Zuwachs von Abnehmern lebhaft.

Im Gebiete der Lechwerke bei Augsburg, eines ebenfalls sehr bedeutenden, im April 1902 in Betrieb gekommenen Wasserkraftwerkes, entstand im Jahre 1907 durch privaten Unternehmungsgeist das sich rasch entwickelnde Gaswerk in Lechhausen und aufserdem wird gegenwärtig in Göggingen ein Gaswerk geplant.

Von den an das Wasserkraftwerk in Miesbach (Oberbayern) angeschlossenen Gemeinden haben seit Januar 1910 die Orte Schliersee und Hausham durch ein von der Berlin-Anhaltischen Maschinenbau-Aktiengesellschaft errichtetes Gaswerk auch Gas bekommen.

Von den an die Neckarwerke in Altbach-Deizisau, eine im Jahre 1901 in Betrieb gekommene grofse Wasserkraft-Überlandzentrale in Württemberg, angeschlossenen Ortschaften haben sich nachmals eine ganze Reihe eine Gasversorgung geschaffen: Fellbach und Zuffenhausen im Jahre 1907 durch eigene Gaswerke, Hedelfingen 1909 durch Anschlufs an Stuttgart, Pfullingen 1909 durch Anschlufs an das neue Gaswerk der Stadt Reutlingen, Obertürkheim durch Anschlufs an Efslingen, Böblingen durch Anschlufs an das im Jahre 1903 geschaffene Gaswerk in Sindelfingen; Köngen, Kornwestheim, Nellingen, Plochingen, Pfauhausen, Reichenbach, Steinbach und Unterboihingen werden im laufenden Jahre auf die eine oder andere Weise ebenfalls der Gasversorgung teilhaftig werden.

Die Gemeinde Lauffen a. N., von wo im Jahre 1901 die vielbesprochene elektrische Kraftübertragung nach Frankfurt a. M. ausging, erhielt im Jahre 1906 ein Gaswerk durch eine Gesellschaft; die von Lauffen aus mit Strom versorgte Gemeinde Sontheim schloß sich nachgehends auch an das neue Gaswerk der Stadt Heilbronn an, das im Jahre 1902 gebaut wurde, obwohl damals schon eine zehnjährige Erfahrung über die Leistungsfähigkeit der Lauffener Elektrizität vorlag!

Auch andere mit Wasser- oder Dampfkraft arbeitende Elektrizitätswerke in Württemberg haben oder werden nachträglichen Wettbewerb durch Gaswerke bekommen, z. B. das Elektrizitätswerk in Degerloch durch das zwei Jahre nach ihm (1904) in Betrieb gekommene private Gaswerk allda, das seit 1901 bestehende Elektrizitätswerk in Süssen durch das im Jahre 1908 gebaute Gaswerk des Gemeindeverbandes Grofs- und Klein-Eislingen und das im Jahre 1909 errichtete Gaswerk in Salach, ferner das Elektrizitätswerk in Tuttlingen durch das 1906 gebaute städtische Gaswerk, das Elektrizitätswerk in Saulgau nach zehnjährigem Bestand durch das im vorigen Jahre in Betrieb gekommene Gaswerk, die elektrische Zentrale in Freudenstadt durch die im Jahre 1909 gebaute städtische Gasanstalt, das seit 1896 arbeitende Elektrizitätswerk in Bietigheim durch das gegenwärtig im Bau begriffene städtische Gaswerk daselbst, die beiden in Schramberg seit zwölf Jahren bestehenden Elektrizitätswerke durch das seiner Vollendung entgegengehende Gemeindegaswerk u. a. m. Nie zuvor sind in Württemberg so viele neue Gaswerke errichtet worden, als in den letzten fünf Jahren, und zwar allermeist in Städten, die schon ausgiebig mit elektrischem Strom versorgt waren!

Auch aus dem Grofsherzogtum Baden können mehrere interessante Beispiele angeführt werden: Das Städtchen Schopfheim, seit 1899 als Unterstation an das grofse Wasserkraft-Elektrizitätswerk in Rheinfelden angeschlossen, kaufte im Jahre 1902 das alte kleine Gaswerk der ehemaligen Schweizerischen Gasaktiengesellschaft und baute an dessen Stelle im Jahre 1905 ein gröfseres neues Gaswerk, das schon 1909 durch einen zweiten Gasbehälter vergröfsert wurde und gegenwärtig wieder eine weitere Vergröfserung erfährt. Ferner ist z. Z. der Bau eines Gaswerks in Neckar-gemünd im Gange, obwohl daselbst schon seit dem Jahre 1902 ein Elektrizitätswerk besteht. Daß und warum mehrere der von den Oberrheinischen Elektrizitätswerken in Wiesloch versorgten Landgemeinden in der Nähe von Heidelberg sich um die Erlangung von Gas aus dem Gaswerke dieser Stadt bemühen, hat Herr Direktor Kuckuk in seinem Vortrag über ›Gasfern-versorgung‹ hervorgehoben [1]).

Im **Rheingau** wird sich bald am Sitz der Rheingau-Elek-trizitätswerke, in Eltville, ein Gaswerk erheben; denn die Stadt-verwaltung hat, nachdem sie zehn Jahre lang die Licht- und Schattenseiten der Stromversorgung durch eine Überlandzentrale kennen gelernt, vor kurzem den Bau eines Gaswerkes beschlossen, an das voraussichtlich auch einige Nachbargemeinden sich an-schließen werden. Auch die Orte Geisenheim und Winkel, die von Eltville aus mit Strom versorgt sind, wollen dazu auch noch Gas haben.

In **Hessen-Nassau** haben ferner mehrere Vororte von Cassel (Wahlershausen 1903, Kirchditmold 1908, Wilhelms-höhe und Harleshausen 1909) sich an das städtische Gaswerk anschließen lassen, obwohl sie seit 1893 mit Elektrizität versorgt sind. Ferner wird z. Z. ein Gaswerk in Höhr (etwa 4000 Einw.) gebaut, einer seit 1898 mit Elektrizität versorgten Gemeinde. Die Gemeinde Schwanheim, seit 1900 mit Strom versehen, schloß sich Ende 1909 an das Gaswerk der Nachbargemeinde Gries-heim an.

Im Großherzogtum **Hessen** schloß sich das Städtchen Auer-bach, wo seit 1896 ein Elektrizitätswerk besteht, im vorigen Jahre an das Gaswerk im benachbarten Bensheim an. Die Gemeinde Groſs-Zimmern (4000 Einw.), die seit 1904 mit Elektrizität ver-sorgt ist, beschloß im Oktober 1909 die Errichtung eines Gaswerks.

Im Gebiet des **Bergischen Elektrizitätswerks** in Solingen, das seit Juli 1898 im Betrieb ist, hat sich im Jahre 1907 die Ge-meinde Haan ein eigenes Gaswerk geschaffen und läſst sich die Gemeinde Hilden gegenwärtig ein solches errichten. Ferner

---

[1]) Vgl. ›Journ. für Gasbeleuchtung‹, 1909, S. 1061 bis 1070.

wurde im Rheinland Gas nachträglich eingeführt im Bereich des großen Elektrizitätswerks »Berggeist« in Brühl von der Gemeinde Delbrück, ferner im Gebiet der Coblenzer elektrischen Zentrale von der Gemeinde Metternich u. a. m.

In **Westfalen** baute sich die seit 1896 mit Strom versorgte Gemeinde Bottrop im Jahre 1904 ein Gaswerk; ferner wird gegenwärtig für die seit 1906 an das Elektrizitätswerk »Westfalen« angeschlossene Gemeinde Somborn ein Gaswerk errichtet, und die vom Rheinisch-Westf. Elektrizitätswerk in Essen mit Strom versorgte Gemeinde Heiligenhaus bekommt demnächst Gas aus einer benachbarten Kokerei. Die Stadt Gevelsberg (17 300 Einw.), die sich im Jahre 1890 ein eigenes Elektrizitätswerk baute und nach und nach beinahe M. 450 000 darin festlegte, das Werk dann aber an das Kreiselektrizitätswerk angliederte, beschloß am 8. März ds. Js. nach eingehenden Erwägungen, »da die erhoffte Verbilligung des Strompreises ausblieb und der Mangel an Leucht- und Kochgas unangenehm empfunden wird«, den Bau eines eigenen Gaswerkes für etwa M. 450 000, welches im Laufe dieses Jahres gebaut werden und neben etwa 1300 Leuchtflammen, 300 Kochern, 50 Badeöfen und ziemlich vielen Heizöfen auch Gasmotoren mit zusammen 150 PS von vornherein im Anschluß haben wird.

Besonders zahlreich sind die Beispiele aus **Thüringen**: Friedrichroda, Gräfenroda, Ichtershausen, Ilmenau, Meuselwitz, Rauscha, Ruhla, Schmalkalden, Steinbach-Hallenberg und Wallendorf haben mehr oder minder lange Zeit nach Errichtung elektrischer Zentralen Gas bekommen oder sind dabei, es sich zu schaffen.

Aus der **Provinz Sachsen** und dem Herzogtum **Anhalt** sind zu nennen die Orte Ammendorf bei Halle (Elektrizität seit 1902, Gas seit 1909), Elsterwerda (Elektrizität seit 1900, Gas seit Mai 1910), Helbra-Mansfeld (Elektrizität seit 1900, Gas seit November 1904), Hecklingen (Elektrizität seit 1900, Gas seit 1907 durch das von der Thüringer Gasgesellschaft errichtete Zentralgaswerk, an welches eine ganze Reihe benachbarter Orte angeschlossen sind, von denen Neundorf zuvor ein eigenes Elektrizitätswerk besaß und Pr.-Börnecke an die Überlandzentrale Derenburg angeschlossen war).

Im **Königreich Sachsen** war anscheinend Ehrenfrieders-
dorf die erste Gemeinde, die trotz vorhandener Stromversorgung
(seit 1897, durch ein Wasserkraftwerk im Nachbarorte Herold) ein
Gaswerk errichtete (1901). Ihr folgte der Dresdener Vorort Niedersedlitz. Das von der Aktiengesellschaft Elektrizitätswerke vorm.
O. L. Kummer & Co. in Dresden im Jahre 1899 daselbst errichtete
Elektrizitätswerk wurde, als die Firma in Konkurs geriet, im Jahre
1902 von der Thüringer Gasgesellschaft übernommen, die noch in
demselben Jahre auch ein Gaswerk in Niedersedlitz errichtete, das
sich inzwischen zur ansehnlichen Zentrale für einen grofsen Teil
der südlichen Vororte Dresdens entwickelt hat und im letzten
Jahre sich auch die Gemeinde Laubegast angliederte, die schon
seit dem Jahre 1900 mit Elektrizität versorgt ist und jetzt ebenso,
wie vor 8 Jahren Niedersedlitz es tat, die elektrische Strafsenbeleuchtung durch Gasglühlicht ersetzen läfst. Im
Jahre 1905 errichtete die Gemeinde Gröba, die von Riesa aus
mit Strom versorgt war, ein eigenes Gaswerk. Im folgenden Jahre
bekam die Stadt Schandau, die seit 1901 mit Strom versorgt
war, ein Gaswerk. Im Jahre 1909 wurden in Wilkau, wohin
schon seit 1896 das Elektrizitätswerk einer benachbarten Kohlen-
grube Strom liefert, sowie in Ottendorf, wo seit 1906 ein Elektrizitätswerk besteht, Gaswerke in Betrieb gesetzt. Im laufenden
Jahre ist dasselbe geschehen in Geising-Altenberg (A. ist seit
15 Jahren mit Strom versorgt) und in der Oberlausitz, wo sich
die Gemeinden Eibau, Oberoderwitz und Walddorf, die
von der **Überlandzentrale Neusalza** aus seit langer Zeit mit Strom
versorgt sind, mit Neueibau und Leutersdorf zusammen-
getan und ein Verbandsgaswerk für etwa M. 650 000 gebaut haben,
das seit dem 6. April ds. Js. im Betrieb ist. Man war in den Gemeinden über den hohen Preis und die wechselnde Helligkeit der
elektrischen Beleuchtung so unzufrieden, dafs sich ein ›Schutz-
verband der Stromverbraucher‹ gebildet hatte! Die nicht weit
von Eibau entfernte Gemeinde Ebersbach, die seit dem Jahre
1896 mit Elektrizität versorgt ist, hat bereits beschlossen, das Bei-
spiel von Eibau nachzuahmen.

In der **Niederlausitz** schuf im Jahre 1902 im Bereich der seit
1894 bestehenden, mit billiger Braunkohle arbeitenden Lausitzer

Elektrizitätswerke eine Aktiengesellschaft das Gaswerk Weifs-wasser, von dessen Entwicklung weiter unten die Rede sein wird, und im Jahre 1907 die seit 1893 mit Strom versorgte Gemeinde Penzig ein eigenes Gaswerk.

In den östlichen Provinzen Preufsens, wo die Zahl der elektrischen Zentralen an sich noch ziemlich gering ist, haben sich doch auch schon einige das nachträgliche Eindringen des Gases in ihre Versorgungsgebiete gefallen lassen müssen. Dies geschah z. B. in Ostpreufsen in Cranz (Elektrizität seit 1895, Gas seit 1903), in Westpreufsen in Zoppot (Elektrizität seit 1897, Gas seit 1903), in Posen in Filehne (Elektrizität seit 1896, Gaswerk im Bau) und Schwersenz (Elektrizität seit 1905, Gaswerk im Bau), in Schlesien in Obernigk (Elektrizität seit 1907, Gas seit 1909) und den an die Oberschlesische Gaszentrale in Bismarck-hütte angeschlossenen Gemeinden. Dieses am 1. Mai ds. Js. in Betrieb gekommene Gaswerk, eine Schöpfung der Deutschen Continental-Gasgesellschaft in Dessau, ist wohl das gröfste und auf den ersten Blick vielleicht auch das kühnste Unternehmen der in Rede stehenden Art. Mitten im Versorgungsgebiet der Ober-schlesischen Elektrizitätswerke, einer der ältesten und bedeu-tendsten Überlandzentralen Deutschlands, die mit einem ungemein günstigen Stromtarif und einem aufserordentlich rührigen Beamten-stab schon seit zwölf Jahren (1. Mai 1898) den gesamten ober-schlesischen Industriebezirk in einer selbst in Berlin und anderen Grofsstädten nicht erreichten gründlichen Durchdringung mit Strom versorgt, ist da ein grofs angelegtes Gaswerk geschaffen worden, an das schon jetzt zehn Gemeinden und etliche Gutsbezirke mit zusammen etwa 160 000 Einwohnern angeschlossen sind und dessen Rohrnetz bei einer Gesamtausdehnung von rd. 60 km ein Gebiet von vorläufig 18 km gröfster Länge und 9 km gröfster Breite er-schliefst, dabei aber noch nach allen Richtungen hin erweiterungs-fähig ist. Und es hat sich schon jetzt gezeigt, dafs selbst in einem so ausgiebig mit Elektrizität durch-setzten Bezirk, dessen Bewohner in ihrer grofsen Mehrzahl bisher das Gas kaum vom Hörensagen kannten, noch ein weites Absatzfeld für Gas vor-handen ist, nicht nur zum Kochen und Heizen, son-

dern auch für Beleuchtungszwecke, bei Privaten hauptsächlich als Ersatz für Petroleum, in öffentlichen Gebäuden
und auf den Strafsen aber auch als Ersatz bzw. Ergänzung für elektrisches Licht.

Diese absichtlich auf das Deutsche Reich beschränkte[1]) und
auch dafür durchaus nicht vollständige Übersicht läfst erkennen,
dafs in fast allen Gauen Deutschlands die Gasversorgung
auch in solche Gebiete eingedrungen ist, die zuerst von der
Elektrizität besetzt und damit nach weitverbreiteter Anschauung
für immer dem Gase verschlossen waren. Und wenn man
den Charakter der einzelnen Städte, Flecken und Dörfer,
wo solches geschah oder demnächst geschehen wird, näher
ins Auge fafst, so findet man ebensowohl vornehme Villenkolonien (z. B. Prinz Ludwigshöhe, Grünau, Gr.-Flottbek[2]);
wie vom Mittelstand, von Beamten und Geschäftsleuten be-
wohnte Vororte grofser Städte (u. a. Britz, Pasing, Wittenau)
und dichtbesiedelte Arbeiterwohnorte (Bismarckhütte,
Lechhausen, Schiffbek[3]); Seebäder (Ahlbeck[4]), Cranz, Zoppot)
und Sommerfrischen (Friedrichroda, Schandau, Schliersee) haben trotz ausgiebiger Versorgung mit Elektrizität das
Gas ebensowenig entbehren wollen und können, wie in-
dustrie- und gewerbreiche Plätze (Penzig, Weifs-
wasser; Eibau, Haan, Ruhla) und vorwiegend ländliche
Orte abseits der Heerstrafsen. Am einen Ort ist es in erster
Linie das Heizgas für vornehme oder doch wohlhabende

---

[1]) Auch aus dem Ausland könnten Beispiele mitgeteilt werden,
besonders aus der Schweiz (Arbon, Davos, Einsiedeln, Gossau,
Hautes Maisons, Mondon, Rapperswyl, Rolle, Vallorbe u. a.), aus
Österreich (Hallein), aus Luxemburg (Esch u. a.).

[2]) Gr.-Flottbek hat seit 1895 ein Elektrizitätswerk, schliefst
sich aber noch in diesem Jahre an das Gaswerk Altona an.

[3]) Schiffbeck hat Elektrizität seit 1903, Gas seit 1910.

[4]) Ahlbeck hat Elektrizität seit 1903, wird in nicht ferner Zeit
aber auch Gas bekommen.

2*

Haushaltungen, am anderen der Gasautomat des kleinen Beamten und Arbeiters, am dritten die Möglichkeit, einer Grofsindustrie (z. B. Glashütten) mit Kleingasfeuerung zu dienen, am vierten das Verlangen emsiger und sparsamer Heimarbeiter (Holzschnitzer, Puppenmacher, Klöpplerinnen) nach möglichst hellem und möglichst billigem Licht, worauf die Lebensfähigkeit nachträglich im Versorgungsgebiet elektrischer Zentralen errichteter Gaswerke beruht.

Unter dem Einfluſs der einen oder andern dieser treibenden Kräfte beschäftigt man sich gegenwärtig in noch sehr vielen bisher nur mit Elektrizität versorgten deutschen Orten mit dem Plane, den Einwohnern auch noch Gas zu verschaffen.

Die technische Gestaltung solcher nachträglicher Gasversorgungen erfolgt auf sehr verschiedene Art, teils durch Errichtung kleiner selbständiger Gaswerke, teils durch Zusammenschluſs mehrerer Gemeinden zwecks Schaffung eines sog. Gruppengaswerks, teils auch durch Anschluſs an das Gaswerk einer mehr oder minder nahen Stadt mittels Fernleitung mit natürlichem oder erhöhtem Druck. Auch in wirtschaftlicher Hinsicht findet man vielerlei Formen: Bald ist eine Gemeinde die Unternehmerin, bald eine Bau- und Betriebsgesellschaft; hier sucht eine Gemeinde eine Ergänzung zu ihrem eigenen Elektrizitätswerk[1]), dort tritt sie in Wettbewerb gegen eine private Zentrale[2]); an der einen Stelle machen sich zwei Gesellschaften das Absatzgebiet streitig[3]), an einer anderen sucht ein und dieselbe Gesellschaft

---

[1]) Beispiele dieser Art bieten unter anderen Cranz, Gr.-Flottbek und Freudenstadt (städt. Elektrizitätswerke seit September 1895, städt. Gaswerk seit November 1909.

[2]) Beispiele aus jüngster Zeit: Bietigheim, Eibau, Eltville, Filehne, Höhr, Neckargemünd, Ruhla, Schramberg und Wilkau.

[3]) Z. B. in Elsterwerda, Oberschlesïen, Wallendorf i. Th., Zirndorf bei Fürth u. a.

diejenigen Bevölkerungsschichten, denen sie mit Elektrizität
nicht dienen kann, durch Gas zu befriedigen[1]). In der Mehrzahl der Fälle sind allerdings die beiden Unternehmungen
in verschiedenen Händen.

Die technische und wirtschaftliche Entwicklung der nachträglich im Bereich elektrischer
Zentralen errichteten Gaswerke ist fast ausnahms-
los günstig und erfreulich. Die Anschlußwerte,
die sie erzielten, sind allenthalben befriedigend, in manchen
Orten sogar überraschend günstig, und in der Regel größer
oder doch ebenso groß wie bei den durch ihren zeitlichen
Vorsprung begünstigten Elektrizitätswerken. Soweit Zahlen
über den jährlichen Gasverkauf schon vorliegen, sind
sie, absolut und relativ betrachtet, zumeist ebenfalls befriedigend, oft sogar wesentlich günstiger als bei gleichaltrigen
oder älteren Gaswerken ohne elektrischen Wettbewerb und
in der Regel größer als die entsprechenden Zahlen über den
jährlichen Stromverkauf in denselben Gebieten[2]). Das pro-
zentuale Wachstum der Anschlußwerte und der
jährlichen Gasabgaben entspricht zumeist dem
Durchschnittssatz gleichartiger Gaswerke in
Orten ohne elektrischen Strom. Auch die Rentabilität ist bei der großen Mehrzahl dieser Gas-

---

[1]) Auf diese Weise hat kürzlich Schiffbek Gas bekommen,
woselbst seit dem Jahre 1908 ein Elektrizitätswerk besteht, das im
Jahre 1908 von der Aktiengesellschaft für Gas, Wasser und
Elektrizität in Berlin käuflich erworben wurde, die im Herbst 1909
eine Gasfernleitung von dem ihr gehörenden Gaswerk Bergedorf
aus nach Schiffbek legte.

[2]) Es wird hierbei 1 KW/Std. als 1 cbm Gas gleichwertig an-
genommen, was für die Elektrizität günstig ist, da 1 KW/Std. nur
bei der Lichtversorgung annähernd dasselbe, bei der Kraftver-
sorgung und namentlich als Wärmequelle aber erheblich weniger
leistet als 1 cbm Gas.

werke, welche die erste Entwicklungszeit hinter
sich haben, durchaus gut und übertrifft schon in
manchen Fällen die Rentabilität der älteren im
Wettbewerb stehenden Elektrizitätswerke.

Die Stadt D r i e s e n in der Neumark, 7800 Einw., mit Elektrizität versorgt durch eine örtliche Aktiengesellschaft seit dem Jahre
1891, hat im Jahre 1901 ein eigenes Gaswerk errichtet, an das
nach der letzten vorliegenden Statistik (Ende 1908) 768 Gasuhren
für insgesamt reichlich 4000 Flammen, davon zwölf für Gasmotoren
von zusammen 109 PS, angeschlossen waren und dessen letzte
Jahresabgabe rd. 380000 cbm betrug. Das Elektrizitätswerk hatte
am 1. April 1906[1]) nur 65 Zähler im Anschluß für 1200 Glüh-
lampen, zwölf Bogenlampen und eine Anzahl Elektromotoren mit
zusammen nur 35 PS.

Die Gemeinde C r a n z (Ostseebad) errichtete im Jahre 1895
mit einem Kostenaufwand von rd. M. 160000 ein kommunales Elektrizitätswerk, in erster Linie zur Straßenbeleuchtung, dann aber
auch zur Versorgung der Hotels, Restaurationen, Läden, Pen-
sionate usw. Bis zum Jahre 1904 hatten sich nach und nach
88 Privatabnehmer angeschlossen, darunter auch einige Kraftverbraucher mit zusammen 21 PS. Das Werk brachte es bis zu einer
Jahresabgabe von 90000 KW-Std., aber trotz hoher Strompreise
noch zu keiner Rentabilität. Im Jahre 1904 ließ sich nun die Gemeinde, hauptsächlich i n f o l g e l e b h a f t e n Verlangens der
K u r g ä s t e nach Kochgas, ein Gaswerk bauen, an das schon
bei der Betriebseröffnung 123 Grundstücke angeschlossen waren,
eine Zahl, die bis Ende 1909 auf 282 anstieg und im laufenden
Jahre erheblich über 300 hinausgehen wird. Die Gasabgabe ent-
wickelte sich folgendermaßen:

Erstes Betriebsjahr	120 000 cbm	
zweites »	151 400 »	Verdopplung im Laufe von nur fünf Jahren!
drittes »	173 475 »	
viertes »	203 100 »	
fünftes »	220 000 »	
laufendes » voraussichtlich	240 000 »	

[1]) Neuere Angaben liegen nicht vor!

Infolge dieser rapiden Verbrauchszunahme mußte das Gaswerk schon im vierten Betriebsjahr erweitert werden und erhält gegenwärtig den zweiten Gasbehälter. Das auf rd. M. 250 000 angewachsene Anlagekapital verzinst sich bereits recht gut. Der Gaspreis beträgt für Leucht- und Kochgas einheitlich 18 Pfg. pro Kubikmeter. Das Gas wird vornehmlich z u m K o c h e n verbraucht und von den Badegästen dermaßen geschätzt, daß Wohnungen ohne Kochgaseinrichtung — es werden dazu hauptsächlich G a s a u t o - m a t e n gestellt — kaum mehr zu vermieten sind. Außerdem wird aber auch viel G a s l i c h t benutzt, und es hat sogar in manchen Fällen das e l e k t r i s c h e   L i c h t   v e r d r ä n g t, so daß die Zahl der Anschlüsse des Elektrizitätswerks von 88 auf 69 zurückging. Bemerkenswerterweise sind auch schon sieben Gasmotoren mit zusammen 21 PS angeschlossen, woraus abermals hervorgeht, daß der Gasmotor doch in manchen Fällen dem Elektromotor vorgezogen wird.

D i e s e s   B e i s p i e l   v e r d i e n t   d i e   B e a c h t u n g   a l l e r b i s h e r   n o c h   n i c h t   m i t   G a s   v e r s o r g t e n   **Badeorte,** um so mehr, als es keineswegs vereinzelt dasteht, sondern auch in andern Badeorten, z. B. in B o r k u m, N o r d e r n e y, T r a v e - m ü n d e und Z o p p o t, der Gasabsatz sich ungeachtet des elektrischen Wettbewerbs ungemein günstig entwickelt. Auch in **Gebirgskurorten** und **Sommerfrischen** tritt das Verlangen der Gäste nach Kochgas immer lebhafter auf und sichert den nachträglich entstehenden Gaswerken eine überaus vorteilhafte Belastung. D i e   s t ä d t i s c h e n   H a u s f r a u e n,   d i e v o n   d a h e i m   h e r   d i e   g r o ß e n   A n n e h m l i c h k e i t e n d e r   G a s k ü c h e   k e n n e n,   w o l l e n   d i e s e   a u c h   d r a u ß e n i n   d e r   S o m m e r f r i s c h e   n i c h t   m e h r   e n t b e h r e n   u n d z i e h e n   d a h e r   i n   w a c h s e n d e r   Z a h l   O r t e   m i t   G a s   v o r.

Besonderer Beachtung wert ist ferner die Entwicklung des Gaswerks der 12 000 Einw. zählenden Stadt P a s i n g bei München, die seit 1896 von den Isarwerken aus mit elektrischem Strom versorgt ist, trotzdem aber im Jahre 1906 ein Gaswerk errichtete und unbeirrt durch die ihr von vielen Seiten zugehenden Unglücksprophezeiungen den Mut hatte, das Werk von vornherein für eine Tagesleistung von 2000 cbm anlegen zu lassen. Trotz des ungewöhnlich billigen Strompreises (Jahrespauschale für eine 50kerzige Metallfadenlampe nur M. 25) und der ungewöhnlich starken Verbreitung des elektrischen Lichtes (schon 1906 waren fast alle Grundstücke in Pasing und den zugehörigen Villenkolonien an das Stromnetz angeschlossen), und obwohl die Straßenbeleuchtung zunächst noch ausschließlich durch Elektrizität bewirkt werden mußte, nahm der Anschlußwert und der Absatz des Gaswerkes bisher folgende Entwicklung:

Jahr	1907	1908	1909	
Zahl der Gasabnehmer . .	408	457	516	
Gasverbrauch derselben .	194 000	222 000	255 000	cbm
Gaserzeugung überhaupt .	259 000	297 000	325 000	‚

Das wegen der großen Ausdehnung des Rohrnetzes und der rationellen, einer starken Entwicklung Rechnung tragenden Anlage der Gaszentrale ziemlich hohe Anlagekapital (rd. M. 430 000) erbrachte schon im dritten Betriebsjahre einen bescheidenen Überschuß. Das Gas wird nicht nur zu häuslichen und gewerblichen Heizzwecken, sondern in steigendem Maße auch als Lichtquelle benutzt, vielfach an Stelle elektrischer Lampen. Auch Gasmotoren fehlen nicht. Wie sehr das Gas Bedürfnis geworden ist, geht wohl am besten daraus hervor, daß alle Neubauten an berohrten Straßen von vornherein Gasanschluß bekommen. Die Stadt hat gegenwärtig Aussicht, auch einige benachbarte Gemeinden, die gleich ihr von den Isarwerken mit Strom versorgt sind, an ihr Gaswerk angliedern zu können.

Ein ähnlich günstiges Ergebnis wird aus Zirndorf bei Nürnberg (5500 Einw.) berichtet. In diesem gewerbreichen Orte besteht seit September 1899 eine der A.-G. Körtings Elektrizitätswerke gehörende Zentrale, an die am 1. April 1909, also nach 9½ Jahren, 147 Zähler für Licht und 67 für Kraft angeschlossen waren. Im Jahre 1908 errichtete ein privater Unternehmer ein Gaswerk, an das bei der Betriebseröffnung schon 152 Abnehmer angeschlossen waren, eine Zahl, die bis Ende Mai 1910 auf über 230 anwuchs. Das Elektrizitätswerk hatte im zehnten Betriebsjahr eine Abgabe von rd. 153 000 KW·Std., das Gaswerk schon im zweiten Betriebsjahr eine solche von rd. 130 000 cbm. Fast alle Neubauten werden von vornherein an das Gasrohrnetz angeschlossen. Auch Motoren mit zusammen 36 PS beziehen Energie vom Gaswerk.

In Lechhausen (18000 Einw.) erzielte das Gaswerk binnen zwei Jahren 746 Anschlüsse und eine Jahresabgabe von fast 450000 cbm, obwohl das fünf Jahre vor ihm entstandene grofse Elektrizitätswerk das Feld schon gründlich abgeerntet hatte.

Die Stadt Tuttlingen a. d. D., 15000 Einw., mit Elektrizität versorgt seit Ende 1895 durch die Württembergische Gesellschaft für Elektrizitätswerke, errichtete im Jahre 1906 ein städtisches Gaswerk, an das Ende 1909, also am Schlusse des dritten vollen Betriebsjahres schon über 2300 Abnehmer angeschlossen waren und dessen Abgabe im Jahre 1909 schon über 776 700 cbm betrug, bei einem Anlagekapital von rd. M. 610000 Das viel ältere Elektrizitätswerk hatte am 1. April 1909 nur 734 Abnehmer (475 für Licht, 259 für Kraft) zu versorgen, und seine Jahresleistung betrug 1908 nur 466 000 KW/Std. bei einem Baukapital von M. 720000.

In Freudenstadt (8000 Einw.) hatte das städtische Elektrizitätswerk bei Ablauf des vierzehnten Betriebsjahres gerade 900 Zähler im Anschlufs, nur 264 mehr als drei Jahre zuvor. Für das Gaswerk dagegen fanden sich schon vor dem Tage seiner Betriebseröffnung über 550 Anschlüsse, und es wird nach seiner bisherigen Entwicklung das Elektrizitätswerk bald überflügeln.

In Schramberg (10 600 Einw.) hatten die beiden privaten Elektrizitätswerke, die seit Ende 1897 bestehen, im April 1909 zusammen 209 Anschlüsse für Licht und 16 für Kraft. Für das im Bau begriffene Gaswerk, welches etwa M. 400 000 kosten wird, waren dagegen schon vor dem ersten Spatenstich 537 Anschlüsse mit rd. 2400 Leuchtflammen und über 800 Kochern gezeichnet.

Das Elektrizitätswerk in Süssen, welches seit Oktober 1901 unter anderem die 2250 Seelen zählende Gemeinde Salach mit Strom versorgt, hatte in seinem ganzen, 12000 Einwohner bergenden Absatzgebiet am 1. April 1909 insgesamt 232 Zähler im Anschlufs, davon 65 für Kraft. Das im Februar 1909 in Betrieb gekommene Gaswerk in Salach allein hatte dagegen bis Ende Juni 1910 schon 530 Zähler im Anschlufs. Aufser ihm besteht aber im Gebiet der

Süssener Zentrale seit 1908 noch das Verbandsgaswerk Gr.- und Kl.-Eislingen.

Die Stadt Spaichingen i. Württ., 2800 Einw., die sich im Jahre 1906 ein Gaswerk bauen liefs, hatte schon bei dessen Betriebseröffnung dreimal soviel Abnehmer, als an das ältere Elektrizitätswerk angeschlossen waren, darunter vier Kraftverbraucher mit zusammen 26 PS.

In Schmalkalden, 10.000 Einw., bestehen seit dem Jahre 1897 ein Elektrizitätswerk und ein Gaswerk, jenes der Elektrizitäts-Lieferungsgesellschaft in Berlin, dieses, das etwa ein halbes Jahr später in Betrieb kam, einer unter Führung von Karl Francke stehenden örtlichen Gesellschaft gehörig. Nach den letzten Statistiken hatte das Elektrizitätswerk 904 Zähler im Anschluß, das Gaswerk 893; die Jahresproduktion des ersteren betrug rd. 400 000 KW/Std., die des letzteren über 306 000 cbm. Dabei betrug das Anlagekapital beim Elektrizitätswerk beinahe M. 470 000, beim Gaswerk noch nicht M. 270 000. Die Gasgesellschaft verteilt in den letzten Jahren nach reichlichen Abschreibungen jeweils $7^1/_2 °/_0$ Dividende. Auch in Schmalkalden hat das Gaswerk Kraft-Anschlüsse, insgesamt 24 PS.

Das seit dem Jahre 1901 bestehende Elektrizitätswerk in Meuselwitz (9000 Einw.), hatte zuletzt 125 Anschlüsse und 75 000 KW/Std. Jahresabgabe, das erst im Jahre 1906 errichtete Gaswerk hingegen schon fast 400 Anschlüsse und 190 000 cbm Abgabe.

Die Stadt Ilmenau i. Th., 12 000 Einw., ist seit Dezember 1899 mit Elektrizität, seit Oktober 1907 mit Steinkohlengas versorgt. Die Zahl der an die Werke angeschlossenen Abnehmer und die Jahresproduktion an Gas bzw. Strom betrug:

	Gaswerk		Elektrizitätswerk	
	Abnehmer	cbm	Abnehmer	KW/Std.
Im Jahr 1908 bzw. 1907/08	360	441 505	686	443 752
» » 1909 » 1908/09	542	481 290	756	452 631
Mithin die Zunahme:	182	39 785	70	8 879

Das Gaswerk hat also das um 8 Jahre ältere Elektrizitätswerk schon jetzt überflügelt. Dabei steht es zu rd. M. 600000 zu Buche, das Elektrizitätswerk zu M. 692000.

In dem seit 1903 an das städtische Gaswerk in K a s s e l angeschlossenen Vorort W a h l e r s h a u s e n stieg der Gasverbrauch von 110370 cbm im Jahre 1903 auf über 214000 cbm im Jahre 1909, bei einer Einwohnerzahl von 5500; er erreichte also die Höhe von 39 cbm pro Kopf und Jahr. Dabei ist die Strafsenbeleuchtung elektrisch und sind noch nicht alle Strafsen mit Gasröhren belegt. Das seit 1893 bestehende, ein fast doppelt so grofses Gebiet versorgende Elektrizitätswerk hatte nach der letzten Statistik eine Gesamtabgabe von 440000 KW/Std., d. s. 44 KW/Std. pro Kopf und Jahr einschl. Strafsenbeleuchtung!

Das seit Juni 1901 bestehende mit einer Strafsenbahn verbundene Elektrizitätswerk in S c h a n d a u i. S. (3500 Einw.), der A.-G. Elektra in Dresden gehörend, hatte Ende 1901 erst 160 Zähler im Anschlufs, davon 145 für Licht mit insgesamt 3850 Glüh- und 41 Bogenlampen, sowie 15 Elektromotoren mit zusammen rd. 20 PS; sein letzter Jahresabsatz betrug nur 54000 KW/Std. Das im Juli 1906 in Betrieb gesetzte Gaswerk hatte dagegen schon Ende 1908 beinahe 700 Zähler mit über 5000 Leuchtflammen, nahezu 500 Kochern und mehreren Kraftmaschinen mit zusammen 24 PS im Anschlufs; seine Abgabe betrug im Jahre 1908 rd. 241000, im Jahre 1909 schon fast 275000 cbm.

Das Gaswerk in W e i f s w a s s e r, 10700 Einw., errichtet 1902 im Versorgungsgebiet der Lausitzer Elektrizitätswerke, die schon seit 1894 bestehen, hatte Ende 1908 schon 573 Gasuhren im Anschlufs und konnte bei einer Gasproduktion von nahezu 600000 cbm in den letzten beiden Jahren jeweils 6 $^0/_0$ Dividende ausschütten.

In P e n z i g, N.-L., 7200 Einw., wo die Schuckertwerke im Jahre 1893 ein Elektrizitätswerk errichteten, betrug dessen Anschlufsziffer nach dem Stande vom 1. April 1909 zusammen 168 (120 für Licht, 48 für Kraft) und der letzte jährliche Stromabsatz 363000 KW/Std. An das erst im Jahre 1907 eröffnete Gaswerk waren zuletzt aber schon 478 Gasuhren angeschlossen, und seine dritte Jahresabgabe betrug schon 295000 cbm.

Es verdient besondere Hervorhebung, daſs die Anschluſs-
dichte und der jährliche Gasabsatz pro Kopf der Bevölkerung
bei manchen dieser Gaswerke trotz ihrer zumeist doch nur
einige Jahre betragenden Betriebszeit und trotz der Vorweg-
nahme der besten Konsumenten durch die voraufgegangene
Elektrizität gröſser ist als anderwärts bei alten Gaswerken,
die erst nach einer vieljährigen ungestörten Entwicklung oder
überhaupt noch keinen Wettbewerb durch Elektrizität er-
fuhren[1]). Man wird dies dadurch erklären dürfen, daſs die
Erbauer und Leiter dieser Gaswerke mit gröſserer Rührigkeit
für die gründlichste Ausnutzung der vielen Verwendungs-
möglichkeiten des Gases eintraten als die Besitzer und Ver-
walter der älteren, genügend rentierenden Gaswerke.

Über die Rückwirkung auf die Entwicklung
und die Rentabilität der durch nachträgliches
Eindringen von Gas in ihre Versorgungsgebiete
um die Alleinherrschaft gebrachten Elektrizitätswerke ist ein abschlieſsendes Urteil zurzeit noch nicht möglich, da das statistische Material dazu noch nicht reichhaltig
und vielseitig genug ist. Ohne Einbuſse an Anschluſswert,
Stromabsatz und Einnahme[2]) sind bisher wohl nur wenige

---

[1]) In Tuttlingen betrug der Gasverbrauch pro Kopf und
Jahr im dritten Betriebsjahr schon fast 52 cbm, in Degerloch
im fünften Jahr schon fast 60 cbm, in Cranz im sechsten Betriebsjahr rd. 68 cbm, in Schandau im dritten Jahr schon fast
75 cbm.

[2]) In Tuttlingen setzte das Elektrizitätswerk, als mit dem
Bau des Gaswerks begonnen wurde, den Strompreis um 25%
herab; in Ilmenau wurde eine Ermäſsigung um 20% zugestanden;
in Ruhla veranlaſsten schon die Vorarbeiten zum Gaswerksbau
eine Preisermäſsigung für Lichtstrom von 60 auf 50 Pf. pro KW/Std.
Die Oberschlesischen Elektrizitätswerke führten kurz
vor der Inbetriebsetzung der Oberschlesischen Gaszentrale einen
neuen, für viele Abnehmer sehr günstigen Pauschaltarif ein.

wider Erwarten vom Wettbewerb durch Gas betroffene elektrische Zentralen davongekommen. Der Umfang dieser Einbuſsen wird aber nicht allenthalben derselbe sein. Kleine in Privatbesitz befindliche Stromwerke, denen ein kommunales Gaswerk oder gar eine rührige und erfahrene Gasgesellschaft ins Gehege kommt, werden natürlich schwerer beeinträchtigt werden als gröſsere, eine Vielzahl von Gemeinden versorgende Zentralen. Einem städtischen Elektrizitätswerk hingegen wird ein privates Gaswerk weniger Abbruch zu tun vermögen. Im allgemeinen wird sich wohl dasselbe Bild zeigen, wie seinerzeit beim ersten Eindringen der Elektrizität in die Versorgungsgebiete der bis dahin konkurrenzlosen Gaswerke: Erst ein kleiner Rückgang oder doch Stillstand der Anschluſswerte, der Jahresabgaben und der Überschüsse, oft auch nur eine langsamere Zunahme dieser Werte, dann aber eine ruhige und stetige Fortentwicklung beider Werke, wie in den Städten, die zuerst Gas hatten und dann Elektrizität erhielten. Wie in diesen, so wird sich auch in den Orten mit umgekehrter zeitlicher Aufeinanderfolge der beiden Energieträger zeigen, daſs deren Absatzgebiete sich nur zum kleineren Teil decken, zum gröſseren Teil aber mehr oder minder scharf getrennt nebeneinander liegen und daſs wie in den Grofs- und Mittelstädten, so auch in den Kleinstädten und auf dem Lande Raum genug ist für Gas und Elektrizität!

Als Schluſsfolgerungen aus den geschilderten Verhältnissen und Erfahrungen ergeben sich u. a. folgende für die beiden in Wettbewerb stehenden Industrien, für die maſsgebenden Körperschaften der Gemeinden, namentlich der noch nicht mit Gas versorgten bzw. überhaupt noch keiner zentralen Energieversorgung teilhaftigen, ferner für die zurzeit bedauerlicherweise manchenorts allzu einseitig elektrisch beeinfluſsten Verwaltungsbehördeu und vielleicht auch für die Gesetzgeber wichtige und beachtenswerte Leitsätze:

1. Das Gas ist trotz aller Fortschritte der Elektrotechnik bei weitem nicht in vollem Um·fang durch Elektrizität ersetzbar und deshalb auch da auf die Dauer unentbehrlich, wo man geglaubt hatte, seiner entraten zu können.

2. Die Gasindustrie braucht daher ein Gebiet, worin ihr die Elektrizität zuvorgekommen ist, keineswegs als völlig vorweggenommen und ver·loren zu betrachten. Sie kann vielmehr auch in solche Gebiete noch nachträglich Einlaſs finden, ja sie wird vielfach dahin gerufen werden, und es wird ihr in der überwiegenden Mehrzahl der Fälle möglich sein, neben den älteren Elektrizitätswerken lebensfähige und für weite Kreise der Bevölkerung nützliche Gaswerke zu schaffen.

3. Kleinere Städte und Landgemeinden und Gruppen von solchen, die noch vor der Wahl stehen, ob sie Gas oder Elektrizität einführen sollen, besonders Orte mit überwiegender Arbeiterbevölkerung, sollten sich in erster Linie mit Gas zu versorgen trachten, weil dieses

a) weniger Kapitalaufwand erfordert;

b) billigeres Licht schafft als die Elektrizität (nach dem heutigen Stande der beiderseitigen Technik, d. h. Metallfaden-lampen gegen hängendes Gasglühlicht verglichen, stellt sich die gleiche Helligkeit bei Elektrizität wenigstens 2, meistens aber 2 $\frac{1}{2}$ bis 3 mal so teuer als bei Gas), und auſserdem zu Koch- und Heizzwecken mit groſsem Vorteil benutzbar ist, mithin

c) einem weit gröſseren Abnehmerkreis Nutzen bringt und daher

d) zumeist auch mehr Aussicht auf wirtschaftlichen Erfolg des Unternehmens gewährt.

4. Die dauernde Ausschlieſsung des Gases aus Versorgungsgebieten bestehender oder geplanter

elektrischer Zentralen, die neuerdings an manchen
Orten von unzulänglich unterrichteten Gemeinde-
Verwaltungen vertraglich zugestanden wurde und
an noch mehr Plätzen von Elektrizitätsfirmen ge-
fordert wird[1]), läuft dem Interesse der Gemeinden
zuwider und sollte daher unbedingt nicht gewährt
werden. Wohl mag es angebracht oder wenigstens an-
gängig erscheinen, einem Unternehmer, der auf eigene
Rechnung und Gefahr ein Elektrizitätswerk baut, gewisser-
maßen als Wagnisprämie eine nicht allzu kurz bemessene
Schutzfrist gegen Wettbewerb durch Gas zu gewähren, aber
zu einem dauernden oder doch auf mehrere Jahrzehnte sich
erstreckenden Ausschluß des Gases sollte sich keine Gemeinde
herbeilassen, schon nicht im Hinblick auf die Möglichkeit
bedeutsamer Erfindungen, die auf dem Gebiet der
Gastechnik in mindestens gleichem Maße besteht wie auf
dem der Elektrotechnik.

5. Die im gegenwärtigen Zeitpunkt viel beob-
achtete Bevorzugung und einseitige Förderung
elektrischer Unternehmungen durch Mitglieder
der Verwaltungsbehörden, die in sich mehrenden
Fällen schwere Schädigungen berechtigter Interessen von Gemeinden und Gasindustrie-Firmen
zur Folge hat, erscheint angesichts der Tatsache
nachträglicher Einführung von Gas in schon so
viele zuerst nur mit Elektrizität versorgte Gebiete durchaus unangebracht und unbillig; die
Rückkehr dieser behördlichen Stellen zu ihrer
früheren unbefangenen und paritätischen Haltung
wäre zweifellos der gesunden Entwicklung der
Dinge förderlich.

---

[1]) In einem dem Verfasser bekannt gewordenen Vertrag wird
selbst Städten von 12000 bis 15000 Einwohnern der dauernde Ver-
zicht auf die Einführung von Gas zugemutet!

6. Auch die gesetzgebenden Körperschaften sollten in Berücksichtigung der hier vorgebrachten Tatsachen wie bisher so auch inskünftig stets Gas und Elektrizität als durchaus gleichberechtigt betrachten und demgemäfs behandeln, also keine Beschlüsse fassen, die eine einseitige Begünstigung elektrotechnischer Interessen darstellen. Daher erscheint die Forderung begründet, dafs bei etwaiger gesetzlicher Festlegung der Wegefreiheit für elektrische Starkstromleitungen durch das in naher Zeit zur Beratung kommende Starkstrom-Wegegesetz auch völlig freie Bahn für Gasfernleitungen gewährt werde

www.ingramcontent.com/pod-product-compliance
Lightning Source LLC
Chambersburg PA
CBHW031457180326
41458CB00002B/800